JN136361

認定年月日	昭和61年8月1日
職業訓練の種類	普通職業訓練
訓練課程の種類	短期課程　二級技能士コース
改定承認年月日	平成7年12月19日

二級技能士コース

電気機器組立て科

<指導書>

職業能力開発総合大学校　能力開発研究センター編

は し が き

この指導書は，技能者が普通職業訓練課程二級技能士コースに使用する「電気機器組立て科（選択：回転電気組立て法），（選択：配電盤・制御盤組立て法）」教科書を学習するにあたって，その内容を容易に理解することができるように，学習の指針として編集したものです。

したがって，受講者が自学自習するにあたっては，まず指導書により該当するところの「学習の目標」および「学習のねらい」をよく理解した上で学習を進め，まとめとして章ごとの問題を解いていけば，学習効果を一層高めることができると思います。

なお，この指導書の作成にあたっては，次のかたがたに作成委員としてご援助をいただいたものであり，その労に対し，深く謝意を表する次第であります。

監　修　者

荒　　隆裕	職業能力開発大学校

作成委員（平成元年３月）五十音順

内野　実朗	元東洋電機製造株式会社
小林　辰滋	雇用促進事業団
佐合　雄兵	株式会社高岳製作所
塚崎　英俊	茨城職業訓練短期大学校
塚田　一郎	神奈川技能開発センター
戸井田重俊	小型モーターコンサルタント
丸岡　巧美	東京都立工業技術センター
溝口　　榮	東芝ＦＡシステムエンジニアリング株式会社
宮田　昇平	株式会社　東芝

改定委員（平成７年８月）五十音順

梅本　初男	富士電機株式会社　千葉工場
大山　一郎	東洋電機株式会社　横浜工場
木村　敏光	株式会社　日立エンジニアリングサービス
佐藤　忠雄	株式会社　東芝　府中工場
進藤　益夫	富士電機株式会社　千葉工場
中原　義人	株式会社　東芝　京浜事業所

（作成委員の所属は執筆当時のものです）

職業能力開発総合大学校　能力開発研究センター

指導書の使い方

この指導書は，次のような学習指針に基づき構成されているので，この順序にしたがった使い方をすることにより，学習を容易にすることができる。

1．学習の目標

学習の目標は，教科書の各編（科目）の章ごとに，その章で学ぶことがらの目標を示したものである。

したがって，受講者は学習の始めにまず，その章の学習の目標をしっかりつかむことが必要である。

2．学習のねらい

学習のねらいは，学習の目標に到達するために教科書の各章の節ごとにこれを設け，その節で学ぶ内容について主眼となるような点を明かにしたものである。

したがって，受講者は学習の目標のつぎに学習のねらいによって，その節でどのようなことがらを学習するかを知ることが必要である。

3．学習の手引き

学習の手引きは，受講者が学習の目標や学習のねらいをしっかりつかんで教科書の各章および節の学習内容について自学自習する場合に，その内容のうち理解しにくい点や疑問の点，あるいはすでに学習したことの関係などわかりにくいことを解決するため，教科書の各章の節ごとに設け，学習しやすいようにしたものである。

したがって，受講者はこれを利用することによって，教科書の学習内容を深く理解することが必要である。

ただし，教科書だけの学習で理解ができる内容については，学習の手引きを省略したものもある。

なお，学習の手引きで特に留意した点を示すと，

(1) 教科書の中で説明が不十分なところ，あるいは理解が困難と思われるところについて，補足的説明をしたこと。

(2) 学習を進めるときに，簡単な実験，実習を行ったり，また工場の見学などで実習効果を高められると考えられる場合は，その要点を説明したこと。

4．学習のまとめ

学習のまとめは，受講者が学習事項を最後にまとめることができるように教科書の各項の章ごとに設けたものである。したがって，受講者はこれによって，その章で学んだことが，確実に理解できたか，疑問の点はないか，考え違いや見落としたものはないか，などを自分で反省しながら学習内容をまとめることが必要である。

5．学習の順序

教科書およびこの書を利用して学習する順序をまとめてみると，つぎのとおりになる。

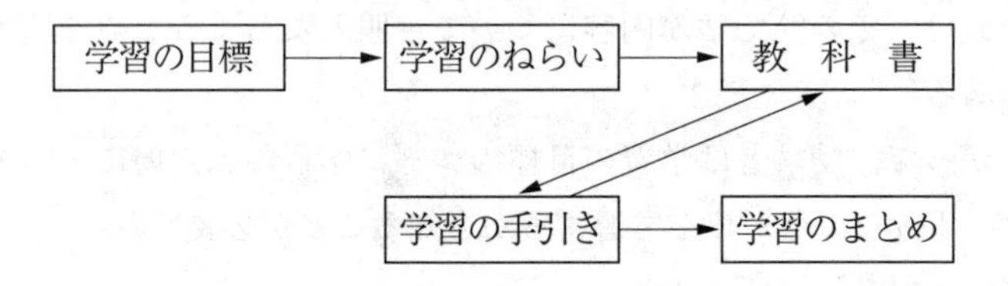

目　　次

第1編　電気機器組立て一般

第2編　電　　気

第3編　製　図

第4編　機械工作法

第5編　材　　料

第6編　安全衛生

［選択］回転電機組立て法

第１編　回転電機の種類，構造，機能および用途

第2編　回転電機の組立て方法

[選択] 配電盤・制御盤組立て法

第1編　配電盤・制御盤

第２編　配電盤・制御盤の組立ての方法

〔共通〕指導書

第１編　電気機器組立て一般

第１章　主要な電気機器の種類，構造，機能および用途

学習の目標

電気機器の組立てを行ううえで，もっとも基本的な種類，構造，機能，用途などの概略について学ぶ。

第１節　電気機器の種類

学習のねらい

ここでは，

（1）　回転機の種類

（2）　変圧器の種類

（3）　配電盤・制御盤の種類

（4）　開閉制御器具の種類

について学ぶ。

学習の手びき

電気機器の種類の概略について，よく理解する。

第２節　回 転 電 機

学習のねらい

（1）　直流機

（2）　誘導機

（3）　同期機

（4）　その他の回転電機

について学ぶ。

学習の手びき

回転電機の構造，機能，用途の概略について，よく理解する。

第3節　変　圧　器

学習のねらい

ここでは，変圧器の構造，特性および用途について学ぶ。

学習の手びき

変圧器の構造および特性の概略について，よく理解する。

第4節　配電盤・制御盤

学習のねらい

ここでは，配電盤・制御盤の種類，構造，機能および用途について学ぶ。

学習の手びき

配電盤・制御盤の種類，構造，機能および用途の概略について，よく理解する。

第5節　開閉制御器具

学習のねらい

ここでは，

（1）　開閉装置

（2）　制御開閉器

（3）　継電器およびタイマ

について学ぶ。

学習の手びき

開閉制御器具の種類，構造の概略について，よく理解する。

第6節　関連機器

学習のねらい

ここでは，

(1)　始動器

(2)　抵抗器

(3)　リアクトル

(4)　計器用変成器

(5)　電力用コンデンサ

(6)　サイリスタおよび整流装置

(7)　避雷器（アレスター）

について学ぶ。

学習の手びき

関連機器の構造，機能および用途の概略について，よく理解する。

第7節　計　測　器

学習のねらい

ここでは，

(1)　電気計器の種類および記号

(2)　指示電気計器の要素・指針・目盛

(3)　ディジタル式計器

について学ぶ。

学習の手びき

指示電気計器の種類，記号および要素の概略について，よく理解する。

第1章の学習のまとめ

この章では，次のことがらの概略について学んだ。

(1) 電気機器の種類

(2) 回転電機の構造，機能および用途

(3) 変圧器の構造および特性

(4) 配電盤・制御盤の種類および構造

(5) 開閉制御器具の種類および構造

(6) 関連機器の構造，機能および用途

(7) 計測器の種類，構造，機能，階級および用途

【練習問題の解答】

1．(1) ○

(2) ○

(3) ○

(4) ×，定格電流の数十倍の始動電流が流れるので，電機子回路に直列に始動抵抗を入れる。

(5) ×，回転速度は3,000rpmになる。

(6) ○

(7) ×，鉄損と機械損は負荷に無関係で，ほぼ一定である。

(8) ○

(9) ×，断路器は，単に充電された線路の一部を切り離すために用いられる。

(10) ○

2．SCR，単結晶，pnpn，p，ゲート，正，導通，整流器，通じ，阻止

第2章　巻線方法

学習の目標

この章では，変圧器および回転電機の巻線および結線の方法の概略について学ぶ。

巻線および結線は電気的にもっとも主要な作業であり，特性に大きな影響を及ぼす。

第1節　巻線作業の概念

学習のねらい

ここでは，巻線作業の概念について学ぶ。

学習の手びき

巻線作業の概念について，よく理解する。

第2節　巻線の方法

学習のねらい

ここでは，

（1）変圧器巻線の方法

（2）回転機巻線の方法

について学ぶ。

学習の手びき

変圧器および回転機の巻線方法の概略について，よく理解する。

第3節　結　　線

学習のねらい

ここでは，

（1） 変圧器の結線

（2） 回転機の結線

について学ぶ。

学習の手びき

変圧器および回転機の結線の概略について，よく理解する。

第2章の学習のまとめ

この章では，次のことがらの概略について学んだ。

（1） 巻線作業の概念

（2） 巻線の方法

（3） 結線

【練習問題の解答】

1.（1） ○

（2） ×，占積率は大きい。

（3） ○

（4） ○

（5） ×，三相誘導電動機では一般に分布巻が用いられる。

（6） ×，国内では減極性が標準である。

2.（1） 正弦波，分布，短節

（2） 極間隔，誘導起電力

第３章　配線および導体の接続方法

学習の目標

この章では，主として配電盤・制御盤の配線および導体の接続方法の概略について学ぶ。とくに，接続には細心の注意が必要である。

第１節　配線の種類

学習のねらい

ここでは，

（１）配線用電線

（２）器具および導体の配置

（３）器具および導体の色別

について学ぶ。

学習の手びき

配線用電線の太さ，接続方法，器具および導体の配置，色別の概略について，よく理解する。

第２節　配線方式

学習のねらい

ここでは，

（１）ダクト配線，束配線，クリート配線

（２）配線上の注意事項

について学ぶ。

学習の手びき

配線方式の種類および配線上の注意事項の概略について，よく理解する。

第3節　接続方法

学習のねらい

ここでは，

（1）　配線と器具の接続上の注意事項

（2）　器具の接続方法

（3）　回路の接続方法

について学ぶ。

学習の手びき

器具に電線を接続する場合の注意事項，器具および回路の接続方法の概略について，よく理解する。

第4節　配線の良否の判定

学習のねらい

ここでは，

（1）　配電盤・制御盤の試験

（2）　配線点検

（3）　導通点検

について学ぶ。

学習の手びき

配線点検および導通点検の要領の概略について，よく理解する。

第5節　接続部の絶縁処理

学習のねらい

ここでは,

（1） 端子の接続部の絶縁処理

（2） 電線の接続部の絶縁処理

について学ぶ。

学習の手びき

端子および電線の接続部の絶縁処理の概略について，よく理解する。

第3章の学習のまとめ

この章では，次のことがらの概略について学んだ。

（1） 配線の種類

（2） 配線方式

（3） 接続方法

（4） 配線の良否の判定

（5） 接続部の絶縁処理

【練習問題の解答】

1．（1） ×，最近は，点検および改造時に非常に簡単なダクト配線方式が，広く用いられている。

（2） ×，零相は黒色である。

（3） ○

（4） ×，電流計の測定範囲の拡大は変流器により行う。

（5） ×，回路図を調べて並列接続による回り込みがないか，高抵抗が接続されていないかチェックする。

2．温度，抵抗，引張り，絶縁，被覆，効力

第4章　絶縁および乾燥の方法

学習の目標

電気機器は，コイル素線間およびコイルと鉄心間に加わる電圧に耐える絶縁を行うが，熱的・機械的な強度も要求される。

この章では，コイルの絶縁およびワニスの処理方法，乾燥法および乾燥経過の判定の概略について学ぶ。

第1節　絶縁の種類および処理

学習のねらい

ここでは，

（1）絶縁の種類

（2）コイルの絶縁方法

（3）コイル入れとワニス処理

について学ぶ。

学習の手びき

絶縁の種類，コイルの絶縁方法およびコイル入れとワニス処理の概略について，よく理解する。

第2節　乾燥および乾燥経過の判定

学習のねらい

ここでは，

（1）乾燥方法

（2）乾燥経過の判定

について学ぶ。

学習の手びき

乾燥方法と乾燥経過の判定の概略について，よく理解する。

第４章の学習のまとめ

この章では，次のことがらの概略について学んだ。

（1）絶縁の種類および処理

（2）乾燥および乾燥経過の判定

【練習問題の解答】

1.（1）○

（2）×，機械的強度も必要である。

（3）○

（4）×，A種，E種，B種，F種，H種，C種の順に高くなる。

（5）○

2.（1）－（e），（2）－（c），（3）－（a），（4）－（b），（5）－（c），

第5章　組立て用器工具の種類

学習の目標

電気機器の組立てを行うには，器工具の使用方法についての正しい知識が要求される。

この章では，器工具の種類と器工具のうちの代表的な電動工具の使用方法の概略について学ぶ。

第1節　器工具の種類

学習のねらい

ここでは，測定工具，作業工具，切削工具および電動工具の種類について学ぶ。

学習の手びき

器工具の名称を含め種類の概略について，よく理解する。

第2節　電動工具の使用方法

学習のねらい

ここでは，代表的器具である電動工具の使用方法と使用上の注意事項について学ぶ。

学習の手びき

電動工具の使用方法と使用上の注意事項の概略について，よく理解する。

第5章の学習のまとめ

この章では，次のことがらの概略について学んだ。

（1）　器工具の種類と名称

（2）　電動工具の使用方法

【練習問題の解答】

1．(1)　×，作業工具である。

(2)　○

(3)　○

(4)　×，３個の穴に順に入れて回し，３個の爪に均等に力が加わるようにする。

2．(1)−(d)

(2)−(e)

(3)−(a)

(4)−(b)

(5)−(c)

第6章　試験用計測器の種類および使用方法

学習の目標

電気機器が製作完成したときには，使用する前に品質および安全性について，検査，試験および調整を行う必要がある。

この章では，電気機器の試験方法，試験用計測器および調整・振動の概略について学ぶ。

第1節　試験の種類および方法の概要

学習のねらい

ここでは，

（1）試験の種類

（2）直流機，誘導電動機，同期機，変圧器および配電盤・制御盤の試験方法の概要

について学ぶ。

学習の手びき

電気機器の完成時に行う試験の種類および試験方法の概要について，よく理解する。

第2節　試験用計測器の種類および用途

学習のねらい

ここでは，

（1）抵抗測定器

（2）電気計器および計器用変成器

（3）温度測定器

（4）回転計およびオシログラフ

について学ぶ。

学習の手びき

試験に使用される計測器の種類および用途などの概略について，よく理解する。

第3節　電気機器の調整

学習のねらい

ここでは，

（1）　直流機の整流調整

（2）　ブラシの調整

（3）　回転機の動的バランス調整

（4）　電気機器の故障

について学ぶ。

学習の手びき

電気機器の調整および故障の概略について，よく理解する。

第4節　振動および振動測定器

学習のねらい

ここでは，

（1）　振動の基本的理論

（2）　振動測定器

について学ぶ。

学習の手びき

振動の基本的理論と振動測定器の概略について，よく理解する。

第6章の学習のまとめ

この章では，次のことがらの概略について学んだ。

（1）　試験の種類および方法の概要

（2）　試験用計測器の種類および用途

（3）　電気機器の調整

（4）　振動および振動測定器

【練習問題の解答】

1．（1）　○

（2）　×，三相誘導電動機以外には適用されない。

（3）　×，必ずしもそうとは限らない。

（4）　×，無負荷電圧 V_o，定格電圧 V_n，電圧変動率 ε とすれば，

$$\varepsilon = \frac{V_o - V_n}{V_n} \times 100\ (\%)$$

この式から，V_oを求めると，無負荷電圧は，7590Ｖになる。

（5）　○

2．導体，絶縁，液体，接地，１Ω，１Ω以上１MΩ，１MΩ，ケルビンダブル，ホイートストン，絶縁

第7章　品質管理

学習の目標

品質管理の重点が，品質管理が導入された当初では，「製品が規格と合致していること－検査主体」にあったものが，現在では「購入者の要求に満足していくこと」に変革してきている。そこで，品質管理作動は製品の生産に関連するすべての部門が，仕事の質の向上に向け，有機的に協力し合うことが必要で，組織的活動でなければならない。

この章では，以上のことを踏まえ，購入者の要求に合致しない製品が生産されたとき，その原因を調べて適切な処置をとったり，合致しない製品が生産されるのを未然に防止する手法について学ぶ。

第1節　品質管理の効用

学習のねらい

ここでは，

（1）　品質管理の定義

（2）　品質管理の効用

について学ぶ。

学習の手びき

品質管理の定義および効用の概略について，よく理解する。

第2節　規格限界

学習のねらい

ここでは，

（1）　規格限界

（2）　規格と製品のバラツキ

について学ぶ。

学習の手びき

規格の限界と製品のバラツキの概略について，よく理解する。

第3節　特性要因図

学習のねらい

ここでは，

（1）特性要因図の見方

（2）特性要因図の使い方

（3）特性要因図の書き方

について学ぶ。

学習の手びき

特性要因図の見方，使い方および書き方の概略について，よく理解する。

第4節　ヒストグラム

学習のねらい

ここでは，

（1）ヒストグラムの見方

（2）ヒストグラムの使い方

（3）データのまとめ方

について学ぶ。

学習の手びき

ヒストグラムの見方および使い方とこれに使用するデータのまとめ方の概略について，よく理解する。

第5節　管　理　図

学習のねらい

ここでは，

（1）　管理図の定義

（2）　管理図の種類と用途

（3）　管理図の見方と使い方

について学ぶ。

学習の手びき

管理図の種類とこれの見方および使い方の概略について，よく理解する。

第6節　全数検査および抜取り検査

学習のねらい

ここでは，

（1）　検査の役割

（2）　全数検査と抜取り検査

（3）　抜取り検査の種類

について学ぶ。

学習の手びき

全数検査と抜取り検査の方法の概略について，よく理解する。

第７節　パレート図

学習のねらい

ここでは，

（1）　パレート図の見方

（2）　パレート図の使い方

（3）　パレート図の書き方

について学ぶ。

学習の手びき

パレート図の見方，使い方および書き方の概略について，よく理解する。

第７章の学習のまとめ

この章では，次のことがらの概略について学んだ。

（1）　品質管理の効用

（2）　規格限界

（3）　特性要因図

（4）　ヒストグラム

（5）　管理図

（6）　全数検査および抜取り検査

（7）　パレート図

【練習問題の解答】

1.（1）　×，品質管理は，基本的な機能・性能にすぐれていてバラツキがなく，さらにそれらの品質が適正な価格で達成されるように管理する役割をもっている。

（2）　×，偶然的原因によってのみ，バラツキが生じている状態を安定状態という。

（3）×，抜取り検査によって不良品が発見されれば，全製品が返却される可能性がある。

（4）○

（5）×，この方法は特性要因図である。

2．(1)−(c)，(2)−(d)，(3)−(a)，(4)−(e)，(5)−(b)

第2編　電　　　気

第1章　電気および磁気

学習の目標

直流および交流回路の特徴を理解し，併せて回路に関する諸計算ができるようにする。電流と磁気の関係について，および磁気回路の構成と特性について学ぶ。

第1節　直流回路およびその計算法

学習のねらい

ここでは，

（1）電圧と電流

（2）電力と電力量

（3）抵抗の接続

（4）直流回路の計算

（5）抵抗の性質

について学ぶ。

学習の手びき

直流回路の特徴をよく理解し，回路の計算ができるようにする。

第2節　静電気とコンデンサ

学習のねらい

ここでは，

（1）帯電現象と電荷

（2）コンデンサ

（3） コンデンサの接続

について学ぶ。

学習の手びき

コンデンサの性質についてよく理解する。

第3節　電流と磁気

学習のねらい

ここでは，

（1） 磁気現象

（2） 電流の作る磁界

（3） 電磁力

（4） 電磁誘導作用

について学ぶ。

学習の手びき

電流と磁気の相互作用について，よく理解する。

第4節　磁気回路

学習のねらい

ここでは，

（1） 磁気回路

（2） 鉄心の磁化特性と漏れ磁束

について学ぶ。

学習の手びき

磁気回路の性質について，よく理解する。

第５節　交流回路およびその計算法

学習のねらい

ここでは，

（1）交流の基本的性質

（2）抵抗回路

（3）コンデンサ回路

（4）インダクタンス回路

（5）*R.L.C*回路

（6）交流の電力

（7）交流回路の計算

（8）三相交流回路

について学ぶ。

学習の手びき

交流回路の特徴をよく理解し，回路の計算ができるようにする。

第１章の学習のまとめ

この章では，次のことがらについて学んだ。

（1）直流回路およびその計算法

（2）静電気とコンデンサ

（3）電流と磁気

（4）磁気回路

（5）交流回路およびその計算法

【練習問題の解答】

１．2/9Ω

２．V_L＝10.8V，V_P＝32.4V，V_d＝1.2V

３．NI＝502A

4．Z＝500Ω，X_c＝458Ω，C＝6.95μF

5．R＝6Ω，X_L＝8Ω，L＝25.5mH

6．ν＝6.25V

7．C＝0.839μF

8．I_P＝10A，I_L＝$10\sqrt{3}$A，P＝$3\sqrt{3}$kW

9．教科書　第5節参照

第２章　電子回路および制御回路

学習の目標

電気機器の運転・制御回路の構成要素としての電子回路，論理回路，シーケンス回路について学ぶ。

第１節　電子回路

学習のねらい

ここでは，

（1） 半導体
（2） トランジスタ
（3） トランジスタのスイッチ作用
（4） トランジスタの増幅作用
（5） サイリスタ
（6） IC

について学ぶ。

学習の手びき

トランジスタのスイッチ作用について，よく理解する。

第２節　基本論理回路

学習のねらい

ここでは，

（1） AND回路
（2） OR回路
（3） NOT回路
（4） NAND，NOR回路

（5）　論理式

について学ぶ。

学習の手びき

基本論理回路の機能をよく理解し，その論理式表現ができるようにする。

第3節　基本シーケンス回路

学習のねらい

ここでは，

（1）　シーケンス制御

（2）　制御用機器

（3）　タイムチャート

（4）　自己保持回路

（5）　インタロック回路

（6）　切換制御

（7）　限時回路

について学ぶ。

学習の手びき

シーケンス制御回路を構成している機能回路として，ここでのすべてをよく理解する。

第2章の学習のまとめ

この章では，次のことがらについて学んだ。

（1）　電子回路

（2）　基本論理回路

（3）　基本シーケンス回路

【練習問題の解答】

1．

A	B	$\overline{A+B}$
0	0	1
0	1	0
1	0	0
1	1	0

2．電源を投入すると，ｂ接点を通して表示灯SL_1が点灯する。BSを押すとコイルが励磁されるので，点灯していたRDが消灯し，SL_2が点灯する。BSから手を離すと，接点がもとにもどるので，SL_1は点灯，SL_2は消灯する。

3．

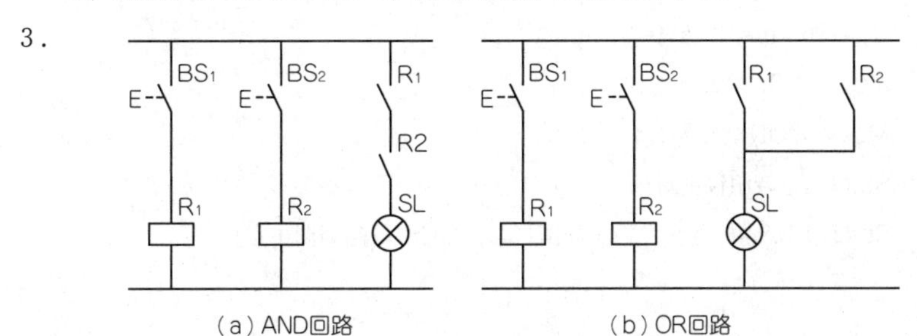

（a）AND回路　　（b）OR回路

4．二つの入力端子ａ，ｂのいずれにも入力信号がなければ，出力端子ｘには出力信号が現れない。しかし，ａ，ｂのいずれかに入力信号が入れば，Da，Dbのダイオードのいずれかはonとなるので，出力端子には出力信号が現れる。もちろん，ａ，ｂの両端子に入力信号が入れば，出力信号は現れる。

5．

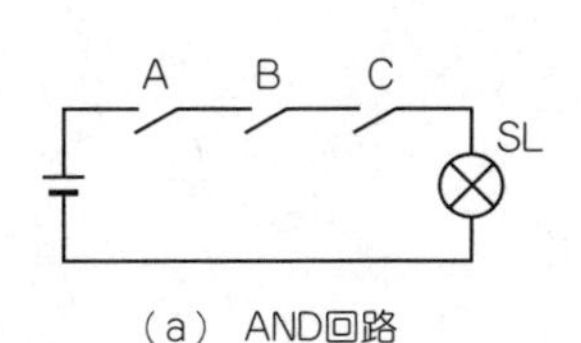

（a）　AND回路

A	B	C	SL
0	0	0	0
0	0	1	0
0	1	0	0
0	1	1	0
1	0	0	0
1	0	1	0
1	1	0	0
1	1	1	1

（b）　真理値表

6．

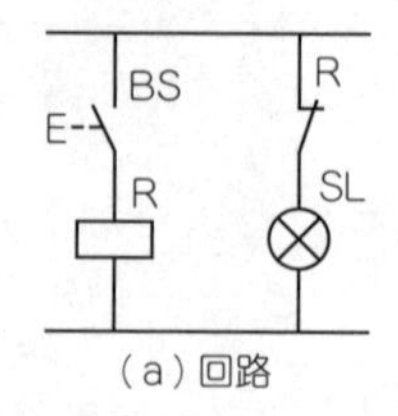

（a）回路

（b）タイムチャート

7．

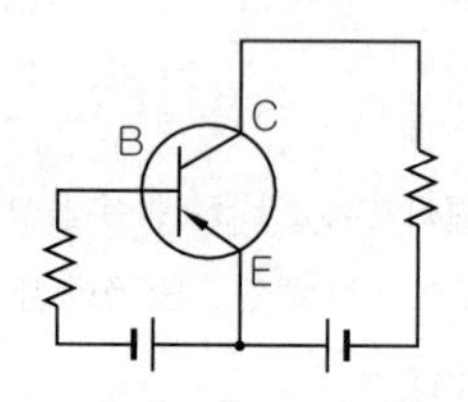

8．I_c＝96（mA），h_{FE}＝24

9．MC_1のみONのとき：12（Ω）

MC_2のみONのとき：4（Ω）

10．SL_1は一定時限後消灯

SL_2はMCが励磁されている間消灯し，MCが消磁期間中点灯

第3編　製　　図

第1章　製図の概要

学習の目標

図面は工業界での共通語と考えることができる。そのための製図に関する規格は，工業にたずさわるものとして十分知っておかなければならない。ここでは，あらゆる図面に共通する基本的規格について学ぶ。

第1節　図面の役割

学習のねらい

ここでは，

（1）図面の役目

（2）図面に具備しなければならない条件

について学ぶ。

学習の手びき

図面は，書いた人の意図が読む人に確実，容易に伝達され，保存，検索，利用ができなくてはならない。そのことについて，よく理解する。

第2節　図面の形式

学習のねらい

ここでは，

（1）図面の大きさ

（2）図面に設ける様式

（3）製図に用いる線

（4） 製図に用いる文字

（5） 製図に用いる尺度

について学ぶ。

学習の手びき

図面の記載事項，図面に用いる線の種類と用途，図面の尺度の表示方法について，よく理解する。

第1章の学習のまとめ

この章では，次のことがらについて学んだ。

1．図面の役目

2．図面の形式

【練習問題の解答】

1．図面作成者の情報を他の人へ容易，確実に伝達され，保存，検索，利用ができること。

2．対象物の見えない部分の形状を表すのに用いる。

3．1：100

第2章　機械製図

学習の目標

図面は，短期間で正確な品物を作るための情報を，正確で合理的に記したものでなくてはならない。ここでは，機械図面の読み方，書き方について，具体的に規格に基づいて学ぶ。

第1節　図形の表し方

学習のねらい

ここでは，

（1）投影法

（2）回転投影図と展開図

（3）特別な図示法

（4）図形の省略法

について学ぶ。

学習の手びき

図の数はできるだけ少ないほうがよいので，正面図の選び方，図形の省略法などについて，よく理解する。

第2節　寸法記入

学習のねらい

ここでは，

（1）寸法の基本事項

（2）寸法と寸法補助線

（3）引き出し線

（4）寸法数値

（5） 寸法補助記号の記入法

（6） 一般寸法記入法

（7） 寸法配置を基にした寸法記入法

について学ぶ。

学習の手びき

寸法記入の原則，寸法補助記号の種類と用法について，よく理解する。

第3節 表面粗さと仕上げ

学習のねらい

ここでは，

（1） 表面粗さの表示法

（2） 算術平均粗さ（Ra）

（3） 最大高さ

（4） 十点平均粗さ（Rz）

（5） 面の肌の図示方法

について学ぶ。

学習の手びき

表面粗さの表示法の種類と面の肌の図示方法を用いた表面粗さの表示法について，よく理解する。

第4節 公差とはめあい

学習のねらい

ここでは，

（1） 公差

（2） はめあい

（3） はめあいの種類

（4）　穴基準はめあいと軸基準はめあい

（5）　寸法差により分類した穴と軸の種類と表示

（6）　はめあいの表示

について学ぶ。

学習の手びき

公差およびはめあいの種類とその定義について，よく理解する。

第2章の学習のまとめ

この章では，次のことがらについて学んだ。

（1）　図形の表し方

（2）　寸法記入

（3）　表面粗さと仕上げ

（4）　公差とはめあい

【練習問題の解答】

1．

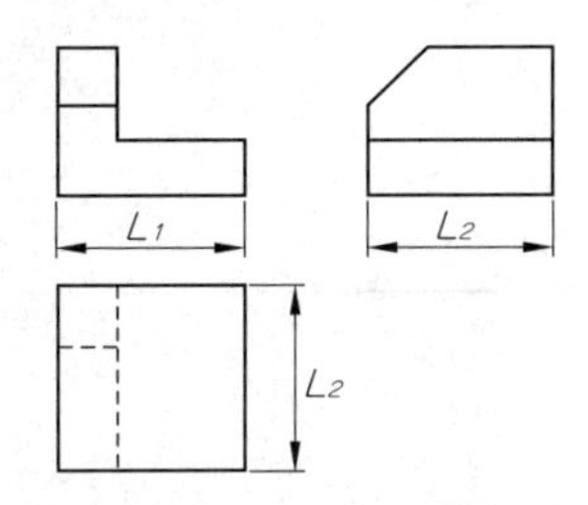

見取図から$L_1 > L_2$に見える。この解答はそのように見えない。

2．2－6キリ

3．すきまばめ

しまりばめ

中間ばめ

4．最大寸法と最小寸法の差を公差という。

5．矢印，斜線，黒丸

第3章　電気製図

学習の目標

電気機器の，製作，運転，保守を行うには，電気接続図が必要である。

電気接続図は，点と線，文字記号や図記号を使って紙面上に形を表し，作りあげたものである。このため，図面を書いた側の意志が十分伝わるように，一定のルールにしたがって書かなければならない。そのルールが図記号であり，文字記号である。ここでは，配電盤の接続図について学ぶが，その他の機器の接続図についても基本的に大差はない。

第1節　図面の種類

学習のねらい

ここでは，

（1）構造的内容を表す図面

（2）電気的内容を表す図面

（3）配電盤用図面と工程

について学ぶ。

学習の手びき

図面の内容と用途について，よく理解する。

第2節　電気用図記号

学習のねらい

ここでは，

（1）電気用図記号の概要

（2）電気用図記号の使い方

について学ぶ。

学習の手びき

接続図において，図記号は，文章であり言語であるといえる。その名称と使い方を，よく理解する。

第3節　シーケンス制御展開接続図

学習のねらい

ここでは，

（1） 展開接続図の定義

（2） 展開接続図の目的

（3） 展開接続図の一般事項

（4） 展開接続図の記載事項

について学ぶ。

学習の手びき

シーケンス制御展開接続図は，図記号，文字記号，器具番で構成され，一定のルールに従い記載される。文字記号，制御器具番号，展開接続図の様式について，よく理解する。

第4節　電気装置のとって操作と状態表示

学習のねらい

ここでは，

（1） とって操作の種類

（2） 表示の種類

（3） 操作の目的と表示の内容

について学ぶ。

学習の手びき

操作および表示の仕方について，操作者や監視者が，とっさの場合でも判断を誤らないように，操作目的に対する操作方向，表示灯の色分けと配置などが決められている。これらについて，よく理解する。

第3章の学習のまとめ

この章では，次のことがらについて学んだ。

（1） 図面の種類

（2） 電気用図記号

（3） シーケンス制御展開接続図

（4） 電気装置のとっての操作と状態表示

【練習問題の解答】

1．電源をすべて切り離された状態

2．① （交流）不足電圧継電器

② （交流）遮断器用操作スイッチ

③ 油圧検出スイッチ（油圧検出継電器）

3．① 過電流継電器

② 電力量計

③ 遮断器

4．① 不足電圧継電器

② 電磁接触器

③ 交流電源

5．① 消滅…下

発生…上

② 切…下

入…上

第４章　材料記号法

学習の目標

機器に使用している部品の材料は，設計上，使用上，厳密に選定し，図面には材料を明確に表示しなければならない。

JISでは，ほとんどの金属材料の材料記号を規定している。ここでは，材料記号とその成り立ちについて学ぶ。

第１節　材料記号法

学習のねらい

ここでは，

（1）　金属材料の種類および記号

（2）　非金属材料の種類および記号

について学ぶ。

学習の手びき

JISで規定された材料記号とその成り立ちについて，よく理解する。

第４章の学習のまとめ

この章では，次のことがらについて学んだ。

（1）　金属材料の種類および記号

（2）　非金属材料の種類および記号

第4編　機械工作法

第1章　機械要素の種類，形状および用途

学習の目標

機械を構成する部品を整理してみると，ボルト，ナット，軸受，ばねなど，どの機械にも使用されているものがある。これらのどの機械にも用いられる部品を機械要素という。

この章では，機械要素について学ぶ。

第1節　ね　　じ

学習のねらい

ここでは，

（1）　ねじの基本

（2）　ねじ山の種類と形状

について学ぶ。

学習の手びき

ねじの基本，ねじの種類と形状について，よく理解する。

第2節　ボルト，ナットおよび座金

学習のねらい

ここでは，

（1）　ボルトの種類と形状・用途

（2）　小ねじの種類と形状

（3）　ナットの種類と形状・用途

（4）　座金の種類と目的

について学ぶ。

学習の手びき

締結用ねじ，および関連部品の種類と用途について，よく理解する。

第3節　キー，コッタおよびピン

学習のねらい

ここでは，

（1）　キー

（2）　コッタ

（3）　ピン

について学ぶ。

学習の手びき

それぞれの種類と用法について，よく理解する。

第4節　軸および軸受

学習のねらい

ここでは，

（1）　軸

（2）　軸継手

（3）　軸受

について学ぶ。

学習の手びき

軸は回転運動の中心となる大切な要素である。軸とその関連部品について種類および適した用法を理解する。

第5節　歯　　車

学習のねらい

ここでは，

（1）歯車の各部の名称と歯の大きさの表し方

（2）歯車の種類および用途

（3）歯車装置

について学ぶ。

学習の手びき

歯車の種類と回転方向および減速比について，よく理解する。

第6節　バルブおよびコック

学習のねらい

ここでは，

（1）玉形弁

（2）仕切弁

（3）逆止め弁

（4）コック

（5）安全弁

について学ぶ。

学習の手びき

流体制御部品のバルブ，コックの構造および特徴の概略について，よく理解する。

第7節　カムおよびリンク装置

学習のねらい

ここでは,

（1）カム

（2）4節リンク装置

（3）4節リンク装置の変形と応用

について学ぶ。

学習の手びき

カムの機能とカム線図，4節リンク機構の条件などの概略について，よく理解する。

第8節　速度制御装置およびクラッチ

学習のねらい

ここでは,

（1）はずみ車

（2）ブレーキ（制動装置）

（3）クラッチ

について学ぶ。

学習の手びき

速度制御装置のはずみ車とブレーキ，回転を停止しないで軸と軸の連結を着脱できるクラッチについて，それぞれの機能と種類をよく理解する。

第９節　ば　　ね

学習のねらい

ここでは，

（1）　コイルばね

（2）　板ばね

（3）　うず巻ばね

（4）　トーションばね

について学ぶ。

学習の手びき

各種のばねの特徴と用途を理解する。

第１章の学習のまとめ

この章では，次のことがらの概略について学んだ。

（1）　ねじの基本およびねじの種類と形状

（2）　締結用ねじおよび関連部品の種類と用途

（3）　軸と穴の結合要素の種類と用法

（4）　軸および関連部品の種類と使用方法

（5）　歯車の種類と減速比

（6）　弁の種類と特徴

（7）　カムの機能と４節リンク装置の条件

（8）　速度制御装置とクラッチの機能と種類

（9）　ばねの種類と特徴

【練習問題の解答】

1.（1）　○

（2）　×，29度のものは直径をミリ，ピッチを１インチについての小数で表わし，
30度のものは直径もピッチもミリで表わす。

（3）×，大きさは，先端の径と長さで表す。

（4）○

（5）○

2．教科書　第1節参照

第２章　けがきおよび手仕上げの方法

学習の目標

専用機，自動機を大幅にとり入れた最近の大量生産方式では，けがき，手仕上げ作業はきわめて限られた範囲の作業部門になってしまった感があるが，不必要になったわけではない。逆に，小量生産，試作，組立て部門において，必要欠くべからざるものとして重要性があらためて見直されつつある。けがき・手仕上げ作業は機械加工とちがって，ほとんどが技能者各自の手と頭によることが多い。このため，一人前の技能者になるには常日頃の経験の積み重ねのうえにさらに学問的知識の裏付けが肝要である。

このため，この章では，けがきおよび手仕上げについて学ぶ。

第１節　け　が　き

学習のねらい

ここでは，

（1）　けがき作業の方法

（2）　基準的なけがき法の実例

について学ぶ。

学習の手びき

けがき作業には，製図，工作法などの関連知識が重要なことを認識したうえで，けがき工具の知識，基礎的けがき方法について，よく理解する。

第2節　手仕上げ

学習のねらい

ここでは,

（1）たがね　（2）やすり

（3）きさげ　（4）穴あけ

（5）ねじ立て　（6）リーマ通し

（7）弓のこ（ハクソー）

について学ぶ。

学習の手びき

手仕上げ工具の種類と用途，作業上の注意点について，よく理解する。

第2章の学習のまとめ

この章では，次のことがらについて学んだ。

（1）けがきの基礎，けがき工具および注意点

（2）代表的手仕上げ工具の知識と作業法

【練習問題の解答】

1．（1）○

（2）×，加工線けがきにはポンチで目打ちをするが，捨てけがき線にはポンチを打たない。

（3）×，荒はつりをするときや，溝穴などをはつるのに用いる。

（4）○

（5）○

（6）○

（7）○

2．教科書　第1節参照

3．教科書　第2節参照

4．教科書　第２節参照

5．教科書　第２節参照

第3章　測　定　法

学習の目標

機械部品の加工，組立てなどを科学的に管理するのに，測定はなくてはならないものである。ここでは，各種の測定について学ぶ。

第1節　測定の基礎

学習のねらい

ここでは，

(1)　測定法

(2)　測定誤差

について学ぶ。

学習の手びき

測定誤差を最小にすることの重要性と，最小にするための注意点について，よく理解する。

第2節　長さの測定

学習のねらい

ここでは，

(1)　直尺（スケール）

(2)　ノギス

(3)　マイクロメータ

(4)　ダイヤルゲージ

(5)　ゲージ類

について学ぶ。

学習の手びき

各種の測定器の原理，構造および取扱いについて，よく理解する。

第3節　角度の測定

学習のねらい

ここでは，

（1）　単一角度基準

（2）　角度の測定器

について学ぶ。

学習の手びき

各種の測定器の測定原理および取扱いについて，よく理解する。

第4節　面の測定

学習のねらい

ここでは，

（1）　表面粗さの測定法

（2）　平面度および真直度

について学ぶ。

学習の手びき

各種測定器の構造および取扱いについて，よく理解する。

第3章の学習のまとめ

この章では，次のことがらについて学んだ。

（1）　測定誤差および測定上注意すべき事項

（2）　長さの測定器の測定原理と取扱い

（3）　角度の測定器の測定原理と取扱い

（4） 表面粗さ，平面度および真直度

【練習問題の解答】

1．（1） ○

（2） ×，同一条件でも測定値の安定しない誤差である。

（3） ×，マイクロメータは，正確なピッチのおねじとめねじのはめあいを利用した長さの測定器で，1/100mmまたは1/1000mmまで測定できる。

（4） ○

（5） ×，ヨハンソン式とNPL角度ゲージがある。

2．教科書　第2節参照

3．教科書　第3節参照

第4章　その他の工作法

学習の目標

電気関係の機器製造にたずさわるものには，電気および機械工作の知識はもちろんのこと，溶接をはじめとしていくつかの幅広い分野の知識をあわせ持つことが望ましい。そのためにこの章ではこれらのことについて学ぶ。

第1節　焼ばめおよび圧入

学習のねらい

ここでは，ころがり軸受を組み付けるときなど，回転機の組立てに必要な焼ばめによる圧入について学ぶ。

学習の手びき

焼ばめ温度の決め方，加熱方法について，よく理解する。

第2節　板金工作

学習のねらい

ここでは，

（1）　手板金と機械板金

（2）　板金加工法

について学ぶ。

学習の手びき

手板金および機械板金の各作業工程について，よく理解する。

第 3 節　溶接およびろう付け

学習のねらい

ここでは，

（1）　金属の接合法

（2）　アーク溶接

（3）　ガス溶接

（4）　電気抵抗溶接

（5）　ろう付け

について学ぶ。

学習の手びき

や金的接合法である溶接とろう付けの原理と特徴について，よく理解する。

第 4 節　表 面 処 理

学習のねらい

ここでは，

（1）　防せい

（2）　金属被覆による防せい

（3）　非金属被覆による防せい

について学ぶ。

学習の手びき

各種の表面処理方法の特徴と適用の概要について，よく理解する。

第５節　工作機械およびプレス機械による工作法

学習のねらい

ここでは，

（１）旋盤

（２）フライス盤

（３）ボール盤

（４）プレス

（５）シャー

について学ぶ。

学習の手びき

各種の機械の種類，構造および工作法の概要について，よく理解する。

第４章の学習のまとめ

この章では，次のことがらについて学んだ。

（１）焼ばめの加熱温度および加熱方法

（２）手板金と機械板金の作業の種類と板金加工法

（３）や金的金属接合法の種類と特徴

（４）各種の表面処理法の概要と特徴

（５）代表的工作機械およびプレス機械の構造および工作法

【練習問題の解答】

１．（１）×，冷却するにしたがって，外輪部分が収縮するため，はめあい面の間には接触圧力が生じる。

（２）○

（３）○

（４）○

（５）×，溶融点が450℃以上を硬ろう，450℃未満を軟ろうという。

（6）○

（7）×，フライス盤の短所は，フライスがバイトに比して高価で，再研削費の高いことである。

2．教科書　第2節参照

3．教科書　第3節参照

4．教科書　第4節参照

第５章　潤滑および冷却の方式

学習の目標

２個の物体が互いに相対運動するときには抵抗を感じる。この抵抗力のことを摩擦という。摩擦は発熱，摩耗，焼付けなどの好ましくない現象を伴う。このため，相対運動するものにとって，例えば軸受や歯車にとって，摩擦を減じることはきわめて重要なことになる。潤滑剤は，この摩擦を減じる働きをする。ここでは，潤滑剤の種類，特徴，および潤滑方式などについて学ぶ。

また，電気機械に電圧を印加すると，鉄損，銅損，機械損などを生じる。これらの損失は，電力にとっては無効分であって，効率を下げると同時に熱になって機械自体の温度を上昇させるだけの働きしかしない。電気機械においては絶縁性，その他の理由によって温度上昇は一定限度以内におさえることが規定されている。そのため，電気機械には温度上昇をおさえるため種々の工夫がほどこされている。

ここでは，その方法，すなわち，冷却方式とその効果について学ぶ。

第１節　潤滑剤の種類，特徴および用途

学習のねらい

ここでは，

（1）　液体潤滑剤

（2）　グリース

（3）　固体潤滑剤

について学ぶ。

学習の手びき

潤滑を必要とする部分の環境条件にかなった潤滑剤が，正しく選定できるように，各種の潤滑剤の特徴，性状について，よく理解する。

第2節　潤滑方式

学習のねらい

ここでは，

（1）油潤滑法

（2）グリース潤滑

について学ぶ。

学習の手びき

油・グリースの供給方法の種類と特徴について，よく理解する。

第3節　冷却方式

学習のねらい

ここでは，

（1）自然冷却型　　（2）自己通風型

（3）他力通風型　　（4）水冷および油冷型

（5）ガス冷却型

について学ぶ。

学習の手びき

電気機器の温度上昇をおさえるための各種の冷却方式および特徴について，よく理解する。

第4節　冷却効果および温度上昇限度

学習のねらい

ここでは，温度上昇限度の規定の必要性，冷却効果を減じる原因などについて学ぶ。

学習の手びき

冷却装置の働きを減じる原因と対策について，よく理解する。

第５章の学習のまとめ

この章では，次のことがらについて学んだ。

（1）潤滑剤の種類，性状および用途

（2）潤滑方式の種類と特徴

（3）電気機器の冷却方式の種類と特徴

（4）冷却効果および温度上昇限度

【練習問題の解答】

１．（1）×，油滑剤は，摩擦を減じて焼付けを防ぎ，摩耗を減らし，動力損失を少なくする。

（2）○

（3）○

（4）○

２．教科書　第１節参照

３．教科書　第１節参照

４．教科書　第２節参照

第６章　荷重，応力およびひずみ

学習の目標

機械や構造物を，安全で経済的な形状・寸法に決めるのが材料力学である。この章では，材料力学を理解するのに欠くことのできない基礎的知識の荷重，応力，ひずみ，応力集中，安全率について学ぶ。

第１節　荷重，応力およびひずみの種類

学習のねらい

ここでは，

（1）荷重

（2）応力

（3）ひずみ

（4）応力－ひずみ図

について学ぶ。

学習の手びき

用語の物理的定義について，よく理解する。

第２節　切欠きの影響

学習のねらい

ここでは，形状の急激な変化がもたらす材料力学上の問題について学ぶ。

学習の手びき

切欠きと応力分布の関係，すなわち応力集中について，よく理解する。

第3節　安　全　率

学習のねらい

ここでは，安全率のもつ意義について学ぶ。

学習の手びき

安全率と許容応力の関係，荷重条件と安全率の関係について，よく理解する。

第6章の学習のまとめ

この章では，次のことがらについて学んだ。

（1）荷重，応力およびひずみの種類，並びに相互関係

（2）弾性とそ性およびフックの法則

（3）応力－ひずみ図

（4）切欠きと応力分布の関係

（5）安全率と許容応力，安全率と荷重条件の関係

【練習問題の解答】

1．（1）○

（2）×，縦ひずみであり，横ひずみとは，横方向の変形量をδ，もとの横方向の長さをαとすると，横ひずみε_1は，$\varepsilon_1=\delta/\alpha$で表わされる。

（3）○

（4）×，段付き部のアールを大きくすることにより，大きな応力集中がさけられる。

（5）×，衝撃荷重は繰返し荷重より大きくとる。鋼では，衝撃荷重に対し，繰返し荷重は5である。

2．$\delta=\dfrac{W}{A}=\dfrac{3140}{\dfrac{\pi}{4}\times 20^2}=10\text{kg/mm}^2$

3．$W=\tau\cdot A=10\times 20\times 4=8000\text{kg}$

第5編　材　　料

第1章　金属材料の種類，性質および用途

学習の目標

回転電機，配電盤・制御盤などを構成する金属材料について学ぶ。

第1節　金属材料

学習のねらい

ここでは，

（1） 鉄と鋼の種類，性質および用途

（2） 銅とその合金の種類，性質および用途

（3） その他の金属と合金の種類，性質および用途

について学ぶ。

学習の手びき

鉄，銅，軽金属およびその合金の種類，性質，用途について，よく理解する。

第2節　金属材料の熱処理

学習のねらい

ここでは，

（1） 熱処理の意味と，その方法

（2） 熱処理の操作と効果

（3） 鋼の表面硬化

について学ぶ。

学習の手びき

鋼の熱処理と表面硬化法について，よく理解する。

第3節 磁気材料

学習のねらい

ここでは，

（1） 永久磁石材料の性質と種類

（2） 磁心材料の性質，種類および用途

について学ぶ。

学習の手びき

磁気材料（磁石，磁心）として備えなければならない条件について，よく理解する。

第1章の学習のまとめ

この章では，次のことがらについて学んだ。

（1） 鉄，鋼，軽金属およびその合金

（2） 熱処理と表面硬化法

（3） 磁気（磁石，磁心）材料

【練習問題の解答】

1．教科書　第1節　1．1(1)参照

2．教科書　第1節　1．1(3)参照

3．教科書　第1節　1．1(2)参照

4．教科書　第1節　1．1(2)参照

5．教科書　第1節　1．3(3)参照

6．教科書　第1節　1．3(1)参照

7．教科書　第3節　3．2参照

8．教科書　第2節　2．2参照

第２章　導電材料，半導体材料および絶縁材料の種類および用途

学習の目標

導電材料は，電線材料，接点材料，半導体材料に大別される。この章では，それぞれの種類，用途について学ぶ。また，絶縁材料についても同様である。

第１節　導電材料

学習のねらい

ここでは，

（1）導電材料に必要な条件

（2）主な導電材料の素材

（3）絶縁電線

（4）接点材料

（5）ブラシ材料

（6）ろう付け材料

（7）ヒューズ材料

について学ぶ。

学習の手びき

銅とアルミニウムの特性，絶縁電線，接点材料，ろう付け材料，ヒューズ材料の種類，特性を，よく理解する。

第２節　半導体材料

学習のねらい

ここでは，

（1）半導体の種類

（2） 半導体素子の種類

について学ぶ。

学習の手びき

半導体の種類，性質，用途と各素子の概略について，よく理解する。

第3節 絶縁材料

学習のねらい

ここでは，

（1） 絶縁材料に必要な条件

（2） 許容最高温度による分類

（3） 絶縁材料の種類

について学ぶ。

学習の手びき

絶縁材料の種類，許容最高温度，用途について，よく理解する。

第2章の学習のまとめ

この章では，次のことがらについて学んだ。

（1） 導電材料

（2） 半導体材料

（3） 絶縁材料

【練習問題の解答】

1．教科書 第1節 1．1，1．2参照

2．教科書 第1節 1．3(4)参照

3．教科書 第1節 1．3参照

4．教科書 第1節 1．4参照

5．教科書 第1節 1．5参照

6．教科書　第１節　１．６参照

7．教科書　第３節　３．１参照

8．教科書　第３節　表５－35参照

9．教科書　第３節　表５－36(１)~(４)
表５－37(１)~(２)
表５－38，表５－39参照

10．教科書　第３節　表５－36(１)~(２)
表５－36(４)参照

11．教科書　第３節　３．３(４)参照

12．教科書　第３節　３．３(３)参照

第3章　パッキン，ガスケット用材料の種類，性質および用途

学習の目標

パッキン，ガスケットに要求される条件，またパッキン，ガスケットの種類，材質，用途などについて学ぶ。

第1節　パッキン類の分類

学習のねらい

ここでは，

(1)　パッキン類の分類

(2)　パッキン類の具備条件

について学ぶ。

学習の手びき

パッキン，ガスケット類の分類，具備条件を，よく理解する。

第2節　ガスケット材料

学習のねらい

ここでは，

(1)　金属ガスケット

(2)　非金属ガスケット

(3)　非金属と金属との組合せガスケット

について学ぶ。

学習の手びき

ガスケット類を構成する材料，耐用温度，適用圧力を，よく理解する。

第３節　パッキン材料

学習のねらい

ここでは，パッキンの種類，材料，特徴について学ぶ。

学習の手びき

パッキンの種類とその特徴，パッキンを構成する材料について，よく理解する。

第３章の学習のまとめ

この章では，次のことがらについて学んだ。

（1）　パッキン類の分類

（2）　ガスケット材料

（3）　パッキン材料

【練習問題の解答】

１．教科書　第１節　①～⑥参照

２．教科書　第２節　２．１～３または表５－40，表５－41参照

第6編　安全衛生

第1章　労働災害のしくみと災害防止

学習の目標

生産現場では，とかく，物を作ることが優先とされ，働く者の安全や衛生問題については軽視されがちである。労働者が，けがをしたり，病気になったり，生命を失ったりすることは，最大の不幸である。したがって，職場の関係者全員が協力して，災害防止につとめ，不幸な事故をなくすことが何よりも大切である。

ここでは，安全衛生の意義と，災害発生のメカニズムについて学ぶ。

第1節　安全衛生の意義

学習のねらい

ここでは，

（1）　人命の尊重

（2）　安全と生産

について学ぶ。

学習の手びき

産業安全の重要性と，安全第一を徹底すればどんな利益をもたらすかについて，よく理解する。

第2節　災害発生のメカニズム

学習のねらい

ここでは.

（1）　基本的モデル

（2）　災害防止

（3）　不安全行動防止の対策

について学ぶ。

学習の手びき

災害発生の要因と，一般的な災害防止対策について，よく理解する。

第1章の学習のまとめ

この章では，次のことがらについて学んだ。

（1）　安全衛生の意義

（2）　災害発生のメカニズムと災害防止

【練習問題の解答】

1．教科書　第1節参照

2．教科書　第2節参照

3．教科書　第2節参照

4．教科書　第2節参照

第２章　機械作業の安全

学習の目標

機械作業による災害は，その傷害の程度が大きいのが特徴である。ここでは，機械の安全作業と災害防止について学ぶ。

第１節　作業点の安全化

学習のねらい

ここでは，作業点における安全化の一般的措置について学ぶ。

学習の手びき

一般的措置について，よく理解する。

第２節　動力伝導装置に関する安全

学習のねらい

ここでは，シャフト，ベルト，プーリおよび歯車に関する安全対策について学ぶ。

学習の手びき

それぞれの安全対策について，よく理解する。

第３節　各種の工作機械作業の安全

学習のねらい

ここでは，

（1）グラインダ作業の安全

（2）ボール盤作業の安全

（3） プレスおよびシャー作業の安全

について学ぶ。

学習の手びき

各種の工作機械について．正しい作業法と安全対策について．よく理解する。

第2章の学習のまとめ

この章では．次のことがらについて学んだ。

（1） 作業点の安全化

（2） 動力伝導装置に関する安全

（3） 各種工作機械作業の安全

【練習問題の解答】

1．教科書　第1節参照

2．教科諸　第2節参照

3．教科書　第3節参照

4．教科書　第3節参照

第３章　手工具使用上の安全

学習の目標

手工具は，その作業に適したものを使用し，作業の能率と安全を図ることが大切である。ここでは，手工具の管理と取扱いについて学ぶ。

第１節　手工具の管理
第２節　手工具使用上の留意事項

学習のねらい

ここでは，

（1）手工具の管理

（2）ハンマおよびたがね

（3）スパナおよびレンチ

（4）やすり

（5）ドライバ

について学ぶ。

学習の手びき

手工具の管理法と，それぞれの手工具使用上留意すべき事項について，よく理解する。

第３章の学習のまとめ

この章では，次のことがらについて学んだ。

（1）手工具の管理

（2）手工具使用上の留意事項

【練習問題の解答】

1．教科書　第１節参照

2.（1） 使用する工具の選定の誤り

（2） 使用前の点検，手入れが不十分

（3） 使い方の不慣れ

（4） 使い方の誤り

3. 教科書 第2節参照

4. 教科書 第2節参照

5. 教科書 第2節参照

第４章　電気機器組立ての安全

学習の目標

電気機器の組立て作業は，とくに重量物を取り扱うので，その取扱いや運搬について災害防止に留意する必要がある。その他高所作業，はんだ付け作業，乾燥作業などによる災害の防止について学ぶ。

第１節　電気機器組立て作業

学習のねらい

ここでは，

（１）組立て作業

（２）はんだ付け作業

（３）乾燥作業

（４）火災の防止

（５）爆発の防止

（６）中毒の防止

について学ぶ。

第４章の学習のまとめ

この章では，次のことがらについて学んだ。

（１）大形機器の通搬，取付けおよび取り外し作業の安全

（２）はんだ付け作業の安全

（３）乾燥作業の安全と火災，爆発，中毒の防止

【練習問題の解答】

１．教科書　第１節１．２参照

２．教科書　第１節１．５参照

３．教科書　第１節１．６参照

第5章　電気の安全

学習の目標

電気による災害には，感電による災害のほか，アークなどによる火傷，および電光性眼炎などの人的傷害のほか，電気設備の加熱焼損，電気設備を発火源とした火災，爆発がある。

このような災害の大部分は，電気に関する知識の不足と，取扱いの誤りがその原因となっている。正しい電気知識をもち，正しい取扱いをすれば感電事故のほとんどが防止できる。

ここでは，感電災害の危険性，電気設備の安全対策，電気作業の安全について学ぶ。

第1節　感電災害の危険性

学習のねらい

ここでは，

（1）人体と電気的特性

（2）感電災害の原因

について学ぶ。

学習の手びき

人体に及ぼす電気的特性，感電災害の発生原因について，よく理解する。

第2節　電気設備の安全対策
第3節　電気作業の安全

学習のねらい

ここでは，

（1）電気設備の設置上の安全対策

（2）電気機械，器具の取扱い上の安全対策について学ぶ。

学習の手びき

それぞれの安全対策を完全に行うことによって．安心して作業ができることを，よく理解する。

第５章の学習のまとめ

この章では，次のことがらについて学んだ。

（1）　感電災害の危険性

（2）　電気設備の安全対策

（3）　電気作業の安全

【練習問題の解答】

1．アースが完全にとってあると，電気機械，器具に漏電があった場合でも感電災害を防止することができる。

2．教科書　第３節参照

第6章 原 材 料

学習の目標

取り扱う原材料に対する知識が不十分なため，思わぬ災害をもたらすことがある。ここでは，引火性液体，可燃性ガス，有害物質についての特性および取扱いについて学ぶ。

学習のねらい

ここでは，

（1） 引火性液体の種類，特性および取扱い

（2） 可燃性ガスの種類，特性および取扱い

（3） 有害物質の貯蔵，保管および取扱い

について学ぶ。

学習の手びき

それぞれの特性，取扱い方，貯蔵および保管の仕方について，よく理解する。

第6章の学習のまとめ

この章では，次のことがらについて学んだ。

（1） 引火性液体

（2） 可燃性ガス

（3） 有害物質（毒劇物）

【練習問題の解答】

1．教科書 第1節，第2節参照

2．教科書 第2節参照

第７章　安全装置および保護具

災害防止のため，設備・機械，保護具について，その有効性などについて学ぶ。

第１節　安全装置

学習のねらい

ここでは，

（1）　安全装置の有効性

（2）　安全装置使用上の留意事項

について学ぶ。

学習の手びき

安全に作業ができるために，安全装置の使用の必要性および使用上の留意事項について，よく理解する。

第２節　保　護　具

学習のねらい

ここでは，

（1）　保護帽

（2）　保護めがね

（3）　安全靴

（4）　安全帯

（5）　その他の保護具

について学ぶ。

学習の手びき

保護具の種類，性能および用途について，よく理解する。

第７章の学習のまとめ

この章では，次のことがらについて学んだ。

（1） 安全装置の有効性

（2） 安全装置使用上の留意事項

（3） 保護具の種類，性能および用途

【練習問題の解答】

1．人命尊重の立場から当然である。

2．教科書　第２節参照

3．教科書　第２節参照

第8章　作業手順

学習の目標

作業手順は，安全でむり，むら，むだのない作業を進めるためのよりどころとなる作業標準である。

ここでは，作業手順の意義と必要性，作業手順の定め方，作業分析および作業方法の改善について学ぶ。

学習のねらい

ここでは，

（1）　作業手順のもつ意義と必要性

（2）　作業手順書の作成順序

（3）　作業分析

（4）　作業方法の改善

について学ぶ。

学習の手びき

不安全な行動をなくし．正しい作業方法によって作業を進めるために，作業手順の必要性について，よく理解する。

第8章の学習のまとめ

この章では，次のことがらについて学んだ。

（1）　作業手順の必要性

（2）　作業手順の作成方法

（3）　作業方法の改善

【練習問題の解答】

1．教科書　第1節参照

2．教科書　第2節参照

第9章　安全点検

作業を開始する前に，機械，設備などの安全状態について点検することは，安全でより効果的に作業を行うために大変重要なことである。ここでは点検のあり方，点検の方法について学ぶ。

第1節　作業開始時の点検
第2節　現場巡視とその心得

学習のねらい

ここでは，

（1）　点検のあり方

（2）　点検にあたっての留意事項

（3）　チェックリストの作成

（4）　点検基準

について学ぶ。

学習の手びき

日常の点検，定期点検の必要性について．よく理解する。

第9章の学習のまとめ

この章では．次のことがらについて学んだ。

（1）　点検のあり方

（2）　日常点検と定期点検

（3）　チェックリストおよび点検基準

【練習問題の解答】

1．教科書　第1節参照

2．教科書　第2節参照

第10章　業務上疾病の原因および予防

学習の目標

我々が毎日働いている職場では，労働衛生上から見て，いろいろと人体に悪影響を及ぼす有害要因（温熱条件，有害光線，騒音，振動，有害ガス，蒸気および紛じん）があり，ここでは，これら有害要因について学ぶ。

第1節　温熱条件
第2節　有害光線
第3節　騒　　音
第4節　振　　動
第5節　有害ガス，蒸気および紛じん

学習のねらい

ここでは，

（1）高温度条件における障害
（2）赤外線，紫外線およびレーザ光線による障害
（3）騒音，振動による障害
（4）有害ガス，蒸気および紛じんによる障害

について学ぶ。

学習の手引き

それぞれの要因による疾病の種類と予防対策について，よく理解する。

第10章の学習のまとめ

この章では，次のことがらについて学んだ。

（1）温熱条件
（2）有害光線
（3）騒音

（4）振動

（5）有害ガス，蒸気および紛じん

【練習問題の解答】

1．教科書　第1節参照

2．教科書　第2節参照

第11章　整理・整とんおよび清潔の保持

学習の目標

安全に能率よく作業を進めるためには，常に作業場やその周辺の整理・整とんをしておかなければならない。

ここでは，整理・整とん，清潔の保持について学ぶ。

学習のねらい

ここでは，

（1） 整理・整とんの必要性

（2） 整理・整とんの方法

（3） 服装に関する注意事項

について学ぶ。

学習の手びき

安全で効率のよい作業をするためには，どのようなことに注意し，守ったらよいか，よく理解する。

また，整理・整とんをするうえで，どのようなことに留意したらよいか，よく理解する。

第11章の学習のまとめ

この章では，次のことがらについて学んだ。

（1） 整理・整とんの重要性

（2） 整理・整とんの仕方

（3）　正しい作業服装

【練習問題の解答】

1．教科書　第１節参照

2．教科書　第２節参照

第12章　事故，災害発生時の措置

事故や災害が発生した場合，その被害を最小限度にとどめるためには，どのような措置や手順が必要かについて学ぶ。

学習のねらい

ここでは，
（1） 一般的な措置の方法
（2） 避難対策
（3） 緊急処置の方法
について学ぶ。

学習の手びき

事故や災害が発生した場合の連絡，処置，避難の方法などについて，よく理解する。
とくに，応急処置は，被災者に対して医者が診断を行うまでの一時的な手当を行うための標準的な手順であることについて，よく理解する。

第12章の学習のまとめ

この章では，次のことがらについて学んだ。
（1） 一般的な措置の方法
（2） 避難対策
（3） 緊急時における処置

【練習問題の解答】

1．教科書　第2節参照

2．教科書　第3節参照

第13章 労働安全衛生法とその関係法令

学習の目標

労働災害防止対策の基本的事項を定めた労働安全衛生法，同法を円滑に施行するために制定された関係法令のうち，電気機器組立て作業に関する諸規定について学ぶ。

第1節 総　　則
第2節 労働災害を防止するための措置
第3節 安全衛生教育
第4節 就業制限

学習のねらい

ここでは，

（1） 労働安全衛生法の目的
（2） 労働災害を防止するための措置
（3） 雇入れ時の教育
（4） 特別教育を必要とする業務
（5） 就業制限

について学ぶ。

学習の手びき

労働者の危険または健康障害を防止するための事業者の講ずべき措置，労働者の就業にあたっての留意すべき措置および免許などを定める労働安全衛生法並びに労働安全衛生規則などの関係法令について，よく理解する。

第13章の学習のまとめ

この章では，次のことがらについて学んだ。

（1） 労働安全衛生法の概要
（2） 労働安全衛生法の関係事項

（3） 労働安全衛生規則の関係事項

[選択・回転電機組立て法]

指導書

第１編　回転電機の種類，構造，機能および用途

学習の目標

回転電機の組立てに熟達しようとするものは，各種の機械の構造はもちろん，その原理，特性，機能および用途まで知っていないと，適切な判断力や応用力を発揮することができない。

直流機，誘導機および同期機の原理，特性および機能について学ぶ。

第１章　直流機の構造，機能および用途

第１節　直流機の原理

学習のねらい

ここでは，

（1）　直流発電機の原理

（2）　直流電動機の原理

について学ぶ。

学習の手びき

フレミングの法則の右手，左手の使いわけと，整流の原理について，よく理解する。

第２節　直流機の構造

学習のねらい

ここでは，

（1）　固定部構成要素の種類と構造

（2）　回転部（電機子）構成要素の種類と構造

について学ぶ。

学習の手びき

軸，ブラケット，軸受のように他の機種と共通のものと，整流子，ブラシ保持器のように直流機独特のものとがある。これらを区別して，よく理解する。

第3節　誘起起電力と電機子反作用

学習のねらい

ここでは，

（1）誘起起電力の計算式

（2）電機子反作用の原理

（3）整流作用

について学ぶ。

学習の手びき

誘起起電力と回転数の関係式は重要なので，十分理解しておく。整流作用に関連して，補極．補償巻線の機能についてもよく理解する。

第4節　直流発電機の種類と特性

学習のねらい

ここでは，

（1）無負荷特性曲線（飽和曲線）

（2）負荷特性曲線

（3）外部特性曲線

について学ぶ。

学習の手びき

とくに飽和曲線と外部特性曲線および電圧変動率について，よく理解する。

第5節　直流電動機の種類と特性

学習のねらい

ここでは，

（1）　逆起電力と供給電圧の関係

（2）　トルクの計算式

（3）　速度特性曲線

について学ぶ。

学習の手びき

供給電圧と逆起電力との関係式，およびトルクの計算式はもっとも重要なものであるから，よく理解する。

第6節　損失，効率および温度上昇

学習のねらい

ここでは，

（1）　損失の種類

（2）　効率

（3）　絶縁の種類と温度上昇の限度

（4）　定格

について学ぶ。

学習の手びき

電気機械の出力の限界は温度上昇の限度によってきまることをよく理解する。

第7節　直流機の試験と運転

学習のねらい

ここでは，

（1）　直流機の試験の種類と試験法

（2）　直流電動機の始動，停止

（3）　直流発電機の始動，停止

について学ぶ。

学習の手びき

試験の種類が多いが，とくに整流試験は，直流機に特有のもので，注意深く行う必要があることをよく理解する。

第8節　直流機の用途

学習のねらい

ここでは，

（1）　直流発電機の用途

（2）　直流電動機の用途

（3）　ワードレオナード方式

について学ぶ。

学習の手びき

直流機は，それぞれの種類によって特性が大きく異なるので，特性にあった用途をよく理解する。

第1章の学習のまとめ

この章では，次のことがらについて学んだ。

（1）　直流発電機および直流電動機の原理

（２） 直流機の構造

（３） 誘起起電力と電機子反作用

（４） 各種の直流機の種類と特性

（５） 損失，効率および温度上昇

（６） 直流機の試験と運転

（７） 直流機の用途

【練習問題の解答】

１．教科書　p18　４．３　分巻発電機の特性参照

２．教科書　第５節参照　p23　５．４　直巻電動機の特性参照

３．出力＝入力×効率＝200×50×0.85＝8.5 kW

４．定格電流$=\frac{5000}{100}=50$ A

電機子銅損$=50^2\times0.2=500$ W

界磁銅損$=100\times2=200$ W

$$効率=\frac{出力}{出力+全損失}=\frac{5000}{5000+500+200+360}=82.5\ \%$$

第2章　誘導機の構造，機能および用途

第1節　誘導電動機の原理

学習のねらい

ここでは，

（1）アラゴの円板の原理

（2）回転磁界

について学ぶ。

学習の手びき

アラゴの円板の原理および回転磁界発生の理論から誘導電動機の原理をよく理解する。

第2節　誘導電動機の構造

学習のねらい

ここでは，

（1）固定子の構造

（2）かご形回転子の構造

（3）巻線形回転子の構造

について学ぶ。

学習の手びき

フレーム，固定子鉄心，空げきおよびかご形回転子と巻線形回転子の構造上の特徴について，よく理解する。

第3節　等価回路と円線図

学習のねらい

ここでは，

（1）電圧と電流

（2）等価回路

（3）入力および出力

（4）円線図および円線図による特性の求め方

について学ぶ。

学習の手びき

等価回路および円線図について概略を理解するとともに，入力と出力の関係および円線図による特性の求め方について，よく理解する。

第4節　誘導電動機の特性

学習のねらい

ここでは，

（1）電流－すべり特性，トルク－すべり特性

（2）比例推移

（3）特殊かご形誘導電動機

（4）損失と効率

について学ぶ。

学習の手びき

（1）始動時の電流とすべりの関係，トルクとすべりの関係について，よく理解する。

（2）二次抵抗そう入や，特殊かご形にすることによって．特性がいかに変わるかをよく理解する。

第5節　誘導電動機の試験と運転

学習のねらい

ここでは，

（1）　誘導電動機の試験の種類と試験法

（2）　誘導電動機の始動法

（3）　速度制御法および逆転法

について学ぶ。

学習の手びき

（1）　誘導電動機の各試験法について，よく理解する。

（2）　誘導電動機の始動法，速度制御法および逆転法について，よく理解する。

第6節　誘導電動機の用途

学習のねらい

ここでは，

（1）　各種の三相誘導電動機の用途

（2）　各種単相誘導電動機の用途

について学ぶ。

学習の手びき

誘導電動機は，一般動力用としてもっとも広く，各分野で用いられているので．それぞれの特性にあった用途について，よく理解する。

第2章の学習のまとめ

この章では，次のことがらについて学んだ。

（1）　誘導電動機の原理

（2）　誘導電動機の構造

（３） 等価回路と円線図

（４） 誘導電動機の特性

（５） 誘導電動機の試験と運転

（６） 誘導電動機の用途

【練習問題の解答】

１．同期速度$=\dfrac{120f}{p}=\dfrac{120\times 60}{6}=1200$ rpm

すべり $s=\dfrac{1200-1140}{1200}\times 100=5$ ％

２．教科書　第２節参照　p37，２．１，（３） 参照

３．教科書　第４節参照　p44，４．１，４．２，４．３参照

４．最大トルクは変わらない。

５．教科書　第５節参照　p49，５．２参照

６．始動トルク，始動電流ともに約 $\dfrac{1}{2}$ になる。

第3章 同期機およびその他の回転電機の構造，機能および用途

第1節 同期発電機の原理

学習のねらい

ここでは，

（1） フレミングの右手の法則と誘起起電力

（2） 回転数と周波数の関係

について学ぶ。

学習の手びき

同期発電機の原理は，直流発電機の原理から容易に理解できる。誘起起電力の大きさおよび周波数が，極数や回転数によってどのように変わるかをよく理解する。

第2節 同期機の構造

学習のねらい

ここでは，

（1） 固定子の構造

（2） 回転子の構造

について学ぶ。

学習の手びき

同期機には超大形のものや高速のものが多く，構造も複雑で．軸受や回転体も特殊なものが多い。それぞれの構造，機能について，よく理解する。

第３節　誘起起電力と巻線係数

学習のねらい

ここでは，

（1）　磁束波形

（2）　巻線係数

（3）　誘起起電力

について学ぶ．

学習の手びき

誘起起電力の波形を正弦波に近づけるために，磁極および巻線にどのような工夫がなされているかをよく理解する。

第４節　同期発電機の特性

学習のねらい

ここでは，

（1）　特性曲線

（2）　負荷特性

（3）　励磁

について学ぶ。

学習の手びき

界磁電流と電圧との関係および励磁方法について，よく理解する。

第5節　同期電動機および同期調相機の特性

学習のねらい

ここでは，

（1）　同期電動機の特性

（2）　同期電動機の始動法

（3）　同期調相機

について学ぶ。

学習の手びき

大電力の動力源として同期電動機が用いられるのは．力率調整の利点があるからである。V曲線についてよく理解する。

また，同期電動機の始動手順について，よく理解する。

第6節　損失と温度上昇

学習のねらい

ここでは，

（1）　損失と効率

（2）　温度上昇とコイル温度測定

（3）　冷却法

について学ぶ。

学習の手びき

損失と効率および損失と温度上昇の関係についてよく理解するとともに，同期機は大容量機が多く，水素冷却式など，特殊な方式が用いられていることについて，よく理解する。

第７節　同期機の試験

学習のねらい

ここでは，

（1） 同期機の試験の種類

（2） 同期機の試験方法

について学ぶ。

学習の手びき

同期機の各種の試験方法の概要について理解する。

第８節　同期機の用途

学習のねらい

ここでは，

（1） 同期発電機の用途

（2） 同期電動機の用途

について学ぶ。

学習の手びき

大形同期電動機のほかに，小形同期電動機も事務器や家庭電気用として多く用いられていることをよく理解する。

第９節　その他の回転電機

学習のねらい

ここでは，

（1） 回転変流機

（2） ステッピング・モータ

（3）　無整流子電動機

（4）　交流整流子電動機

について学ぶ。

学習の手びき

それぞれについて原理，構造の概要および用途について理解する。

第3章の学習のまとめ

この章では，次のことがらについて学んだ。

（1）　同期発電機の原理

（2）　同期機の構造

（3）　誘起起電力と巻線係数

（4）　同期発電機の特性

（5）　同期電動機および同期調相機の特性

（6）　損失と温度上昇

（7）　同期機の試験

（8）　同期機の用途

（9）　その他の回転電機

【練習問題の解答】

1．教科書　第2節参照　p57，2．2　（1）　参照

2．教科書　第3節参照　p58，3．1　参照

3．教科書　第4節参照　p60，（2）　参照

4．教科書　第5節参照　p62，5．2　参照

5．教科書　第6節参照　p64，6．4　参照

第２編　回転電機の組立て方法

第１章　回転電機の組立て

学習の目標

各機種の構造を十分頭に入れ，作業工程と各作業の手順について学ぶ。

第１節　直流機の組立て手順

学習のねらい

ここでは，直流機の作業工程，各部品の組立作業と総合組立て作業の手順および方法について学ぶ。

学習の手びき

それぞれの関連部品の取付け順序，手順について，よく理解する。

第２節　誘導機の組立て手順

学習のねらい

ここでは，

（１）かご形誘導電動機の作業工程

（２）かご形誘導電動機の総合組立て

（３）巻線形誘導電動機の作業工程

（４）巻線形誘導電動機の組立て

について学ぶ。

学習の手引き

それぞれの関連部品の取付け順序，手順について，よく理解する。

第3節　同期機の組立て手順

学習のねらい

ここでは，

（1）　回転界磁形同期発電機の作業工程

（2）　回転界磁形同期発電機の組立て

について学ぶ。

学習の手びき

回転界磁形は誘導機に似ているので．それぞれに準じて組み立てる。これらの作業工程および組立てについて，よく理解する。

第1章の学習のまとめ

この章では，次のことがらについて学んだ。

（1）　直流機の組立て順序

（2）　誘導電動機の組立て順序

（3）　同期機の組立て順序

第2章　主要部品の組立て法

学習の目標

主要部品の組立ては，各機種に共通したものもあり，いずれも組立て作業の基礎となるものである。ここでは，それぞれの要素作業，手順，治工具などについて学ぶ。

第1節　固定子鉄心積み作業

学習のねらい

ここでは，

（1）鉄板そろえ作業

（2）鉄心積みおよび締付け作業

について学ぶ。

学習の手びき

小形機と大形機の場合では，作業方法も異なるので，それぞれについて，よく理解する。

第2節　回転子鉄心積み作業

学習のねらい

ここでは，

（1）鉄板そろえ作業

（2）鉄心積みおよび締付け作業

（3）回転子棒および端絡環溶接作業

について学ぶ。

学習の手びき

回転子軸にじか積みの場合と鉄心単独積みの場合について，よく理解する。大形機でスパイダに積む場合も，軸にじか積みの場合に準ずる。

第3節　磁極鉄心積み作業

学習のねらい

ここでは，同期機の磁極鉄心積み作業の手順，方法について学ぶ。

学習の手びき

同期機の磁極鉄心積み作業について，よく理解する。直流機の主磁極鉄心積み作業もこれに準ずる。

第4節　整流子の組立て作業

学習のねらい

ここでは，

（1）整流子の部品加工作業

（2）整流子の組立て作業

について学ぶ。

学習の手びき

整流子は，絶縁物と金属を組み合わせて締め付けた構造であるから，温度や遠心力で変形しないように，加熱締付け方法による。このことについて，よく理解する。

第5節　スリップリングの組立て作業

学習のねらい

ここでは，スリップリングの組立て方式と焼ばめ方式の２方式について学ぶ。

学習の手引き

マイカの取付けおよび加熱圧縮方法についてよく理解する。

第２章の学習のまとめ

この章では，次のことがらについて学んだ。

（1）固定子鉄心積み作業

（2）回転子鉄心積み作業

（3）磁極鉄心積み作業

（4）整流子の組立て作業

（5）スリップリングの組立て作業

第３章　総組立て

学習の目標

総組立ては第２章の主要部品を組み合わせて，回転機として組み立てて行く作業である。ここではこの組立てにおける要領，注意点について学ぶ。

第１節　界磁組立て

学習のねらい

ここでは，

（1）界磁取付け作業

について学ぶ。

学習の手びき

界磁取付け方法について，よく理解する。

第２節　電機子（直流機）の組立て

学習のねらい

ここでは，電機子の組立てが完成するまでの手順，方法について学ぶ。

学習の手びき

組立て完成までの手順と方法について，よく理解する。とくに，アンダカットおよび面取りのよしあしは，整流作用に大きな影響を及ぼす。

第３節　同期機回転子（界磁側）の組立て

学習のねらい

ここでは，突極形の回転界磁形回転子の組立て手順，方法について学ぶ。

学習の手びき

組立ての手順と方法について，よく理解するとともに，回転子には遠心力が働くので，巻線押さえや口出し線の固定の仕方も，よく理解する。

第4節　軸受組立て

学習のねらい

ここでは，

（1）ころがり軸受組立て作業

（2）すべり軸受組立て作業

について学ぶ。

学習の手びき

回転機に共通のもっとも基本的な作業であるので，軸受の取付け，取外しなどについて，よく理解する。とくに，ボールベアリングの組込みについて，よく理解する。

第5節　ブラシの組立て

学習のねらい

ここでは，

（1）ロッカおよびスタッドの取付け

（2）ブラシおよびブラシ保持器の取付け

（3）ブラシすり合せと圧力調整作業

学習の手引き

ブラシの間隔精度やブラシすり合せと圧力は，直流機の生命ともいうべきものである。その方法について，よく理解する。

第3章の学習のまとめ

この章では，次のことがらについて学んだ。

（1） 界磁組立て

（2） 電機子（直流機）の組立て

（3） 同期機回転子（界磁側）の組立て

（4） 軸受組立て

（5） ブラシの組立て

第4章　巻線作業

学習の目標

通常，巻線作業とは，回転機の各種のコイルを単体で作ること，およびそれを鉄心に組み立てることをいう。ここでは巻線作業およびそれに使用される機械および装置，接続方法，巻線の点検および試験の方法について学ぶ。

第1節　巻線作業とその装置

学習のねらい

ここでは，

（1）　コイル作り，巻線機

（2）　引き成形作業，絶縁テープ巻きとその装置

（3）　プレス作業，プレス機

（4）　切断作業とシャー

（5）　コイル入れ作業

（6）　乾燥作業，乾燥炉

（7）　ワニス処理

（8）　誘導加熱法

（9）　バインド巻き，バインド巻機

について学ぶ。

学習の手びき

それぞれについて作業内容をよく理解し，また各作業に使用する装置について，よく理解する。

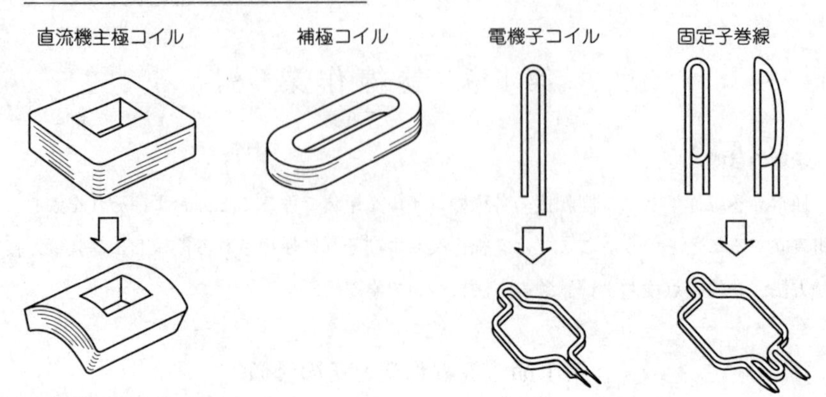

第2節　振動装置（バランス取り）作業

学習のねらい

ここでは,

（1） 動つりあい試験

（2） 静つりあい試験

（3） 振動調整の理論

について学ぶ。

学習の手びき

動つりあい試験，静つりあい試験について，よく理解する。

第3節　接続作業

学習のねらい

ここでは,

（1） 結線

（2） 接続作業

（3） その他の溶接接続

について学ぶ。

学習の手びき

もっとも多く使用されるはんだ付けと硬ろう付けおよび圧着接続について，よく理解する。

第4節　巻線の点検および試験

学習のねらい

ここでは，巻線および結線が間違いなく，確実になされているかを試験する方法について学ぶ。

学習の手びき

巻線不良，結線不良のまま組み立てると，故障の原因となったり，手直しが容易でなかったりする。そのため，巻線，結線の終了後に行う中間試験についてよく理解する。

第4章の学習のまとめ

この章では次のことがらについて学んだ。

（1）　巻線作業とその装置

（2）　接続作業

（3）　巻線の点検および中間テスト

第5章　回転電機の運転

学習の目標

回転電機を運転するにあたり，これに必要な作業などについて学ぶ。

第1節　回転電機の運転前作業

学習のねらい

ここでは，

（1）　横軸回転電機の据え付け

（2）　直結心出し作業

（3）　運転中の振動

について学ぶ。

学習の手びき

回転機の据え付け不良，直結不良は振動の原因となるので，心出しについて，よく理解する。また，その振動と，計測器について，よく理解する。

第2節　電動機の保守

学習のねらい

ここでは，

（1）　電動機の日常の保守点検

（2）　電動機の定期点検

について学ぶ。

学習の手びき

日常の保守点検と定期点検が故障を未然に防ぐ最善の方法である。それぞれの保守点検の方法について，よく理解する。

第５章の学習のまとめ

この章では，次のことがらについて学んだ。

（1）回転電機の運転前作業

（2）電動機の保守

第6章　回転電機組立てに使用する図面および材料表

学習の目標

回転電機の組立ては，組立て図と材料表による作業を進める。ここでは．例をあげてこれらについて学ぶ。

第1節　組 立 て図
第2節　材　料　表

学習のねらい

ここでは，組立て図と材料表について学ぶ。

学習の手びき

組立て図と材料表が1枚の図面にかかれているものもあるが，大形で複雑な機械では別になっている場合が多い。

組立て図と材料表について，よく理解する。

第4章の学習のまとめ

この章では，次のことがらについて学んだ。

（1）　組立て図

（2）　材料表

[選択・配電盤・制御盤組立て法]

指導書

第１編　配電盤・制御盤

第１章　配電盤・制御盤の概要

学習の目標

配電盤・制御盤のもっとも基本的な概要，要求される条件，定格について学ぶ。

第１節　配電盤・制御盤の定義

学習のねらい

ここでは，配電盤・制御盤の定義について学ぶ。

学習の手びき

配電盤・制御盤の定義について，よく理解する。

第２節　配電盤・制御盤に要求される条件

学習のねらい

ここでは，配電盤・制御盤の使いやすさ，および安全性について学ぶ。

学習の手びき

配電盤・制御盤自体の事故で電気設備を使用不可としないよう，使いやすさおよび安全性について，よく理解する。

第３節　配電盤・制御盤の定格

学習のねらい

ここでは，配電盤・制御盤の，常規使用状態および定格電圧について学ぶ。

学習の手びき

配電盤・制御盤の常規使用状態および定格電圧について，よく理解する。

第1章の学習のまとめ

この章では，次のことがらの概要について学んだ。

（1）　配電盤・制御盤の定義

（2）　配電盤・制御盤に要求される条件

（3）　配電盤・制御盤の定格

【練習問題の解答】

1．(1)

①　○

②　○

③　×，互換性をもたせることが大切である。

④　○

⑤　○

⑥　○

⑦　○

⑧　○

（2）　×，最高40℃の範囲を超えないで使用する。

（3）　○

2．操作，測定，保護，監視，発電，変電，電力，運転，総称　第1節参照

第2章　配電盤・制御盤の分類

学習の目標

配電盤・制御盤の分類について，機能・用途，外観構造および保護構造のそれぞれの面から分類し，その概要について学ぶ。

配電盤・制御盤を理解するうえで，分類を正しく整理して理解することは，大切なことである。

第1節　機能・用途による分類

学習のねらい

ここでは，機能・用途による分類の概要について学ぶ。

学習の手びき

配電盤・制御盤の機能・用途による分類の概要について，よく理解する。

第2節　外観構造による分類

学習のねらい

ここでは，外観構造による分類の概要について学ぶ。

学習の手びき

配電盤・制御盤の外観構造による分類の概要について，よく理解する。

第3節　保護構造による分類

学習のねらい

ここでは，保護構造による分類の概要について学ぶ。

学習の手びき

配電盤・制御盤の保護構造による分類の概要について，よく理解する。

第4節　配電盤・制御盤の分類事例

学習のねらい

ここでは，配電盤・制御盤の分類を事例から学ぶ。

学習の手びき

配電盤・制御盤の分類を事例から，よく理解する。

第2章の学習のまとめ

この章では，配電盤・制御盤の分類について，次のことがらの概要を学んだ。

(1)　機能・用途による分類

(2)　外観構造による分類

(3)　保護構造による分類

(4)　分類事例

【練習問題の解答】

1.(1)　○

(2)　○

(3)　○

(4)　○

(5)　×，壁掛盤は制御機器の近くに設置して使われる。

2.(1)　充電部，人体

(2)　事故，防止

(3)　互換性，容易

(4)　コンパクト，縮小

(5)　保守，点検

第3章　構成要素の機能および用途

学習の目標

配電盤・制御盤の構成要素の機能および用途について，主回路構成要素，被監視・制御回路構成要素および制御機器の温度上昇限度の分野を通して，その概要について学ぶ。

第1節　主回路構成要素

学習のねらい

ここでは，

（1）開閉機器

（2）避雷器

（3）電力用コンデンサ

（4）始動抵抗器

（5）蓄電池

（6）充電装置

（7）計器用変成器

について学ぶ。

学習の手びき

主回路構成要素の構造，機能および用途の概要について，よく理解する。

第2節　被監視・制御回路構成要素

学習のねらい

ここでは，

（1）電気計器

（2）継電器

（3）　制御スイッチ

（4）　表示器

（5）　試験用端子

（6）　配線用部品

（7）　盤面外の制御器具

について学ぶ。

学習の手びき

被監視・制御回路構成要素の概要について，よく理解する。

第3節　制御機器の温度上昇限度

学習のねらい

ここでは，接触部・導電部，コイルおよび抵抗器について学ぶ。

学習の手びき

制御機器の温度上昇限度の概要について，よく理解する。

第3章の学習のまとめ

この章では，次のことがらの概要について学んだ。

1．主回路構成要素

2．被監視・制御回路構成要素

3．制御機器の温度上昇限度

【練習問題の解答】

1．（1）　×　電路の遮断を真空中で行われるのは，真空しゃ断器である。

（2）　○

（3）　○

（4）　×，250 V以下の回路に使われる。

（5）　○

(6)　×，(4)と同じ。

(7)　○

(8)　○

(9)　×，たまご形である。

(10)　×，ＧＳと呼ぶ。

2．低圧，用，充電部，安全，面積，保守，簡単，熱動，電磁，熱動電磁

第4章　導体と電流

学習の目標

配電盤・制御盤の構成要素を相互に結合する導体と電流について，導体の許容電流，導体の材料と接合面の形状および締付け方法，導体の配列，盤の冷却装置，遮断容量，絶縁階級並びに母線の各分野を通して，その概要について学ぶ。

第1節　導体の許容電流

学習のねらい

ここでは，導体の許容電流の概要について学ぶ。

学習の手びき

導体の許容電流の概要について，よく理解する。

第2節　導体の材料と接合面の形状および締付け方法

学習のねらい

ここでは，導体の材料，導体の接合面の形状および導体の締付け方法について学ぶ。

学習の手びき

導体の材料，接合面の形状および締付けの概要について，よく理解する。

第3節　導体の配列

学習のねらい

ここでは，導体の配列について学ぶ。

学習の手びき

導体の配列の概要について，よく理解する。

第4節　配電盤・制御盤の冷却装置

学習のねらい

ここでは，盤の冷却装置を通して，導体の冷却の概要を学ぶ。

学習の手びき

盤の冷却装置を通して，導体の冷却の概要について，よく理解する。

第5節　遮断容量

学習のねらい

ここでは，遮断容量について学ぶ。

学習の手びき

遮断容量の概要について，よく理解する。

第6節　絶縁階級

学習のねらい

ここでは，絶縁階級について学ぶ。

学習の手びき

絶縁階級の概要について，よく理解する。

第７節　母　　線

学習のねらい

ここでは，母線について学ぶ。

学習の手びき

母線の概要について，よく理解する。

第４章の学習のまとめ

この章では，次のことがらの概要について学んだ。

（１）　導体の許容電流

（２）　導体の材料と接合面に形状および締付け方法

（３）　導体の配列

（４）　配電盤・制御盤の冷却装置

（５）　遮断容量

（６）　絶縁階級

（７）　母線

【練習問題の解答】

１．（１）　×，規定では左からＮ，Ｐである。

（２）　×，上から第１相，第２相，第３相，中性相である。

（３）　○

（４）　○

（５）　○

２．銅，アルミニウム，アルミニウム，銅，アルミニウム，酸化，防止，耐食，加工，容易

第2編　配電盤・制御盤の組立ての方法

第1章　配電盤・制御盤の組立て

学習の目標

配電盤・制御盤の組立てを行ううえで，もっとも基本的な器具の配置，加工一般，器具の取付け方，機構部の組立て，輸送および据付けの概要について学ぶ。

第1節　配電盤・制御盤の器具配置

学習のねらい

ここでは，配電盤・制御盤の正面および盤内部の取付け器具の配置について学ぶ。

学習の手びき

配電盤・制御盤の盤取付け器具の配置について，機能，使いやすさおよび安全性の概要をよく理解する。

第2節　配電盤・制御盤の加工

学習のねらい

ここでは，工具類，加工法および工作機械について学ぶ。

学習の手びき

配電盤・制御盤の加工法と工具類および工作機械との関連機能および用途の概要について，よく理解する。

第3節　配電盤・制御盤の器具の取付け方

学習のねらい

ここでは，ねじ締め作業および締付け部品について学ぶ。

学習の手びき

配電盤・制御盤のねじ締め作業並びに締付け部品の構造，機能および用途の概要について，よく理解する。

第4節　機構部の組立て

学習のねらい

ここでは，運動の伝達および機構部の組立てについて学ぶ。

学習の手びき

配電盤・制御盤に使用される機構部の組立てのうち，運動の伝達方法および機構部の組立て上の留意事項の概要について，よく理解する。

第5節　輸送および据付け

学習のねらい

ここでは，輸送および据付けについて学ぶ。

学習の手びき

配電盤・制御盤の輸送および据付けの注意事項の概要について，よく理解する。

第1章の学習のまとめ

この章では，次のことがらの概要について学んだ。

（1）　配電盤・制御盤の器具配置

（２）　配電盤・制御盤の加工

（３）　配電盤・制御盤の器具の取付け方

（４）　配電盤・制御盤の機構部の組立て

（５）　配電盤・制御盤の輸送および据付け

【練習問題の解答】

１．（１）　○

（２）　○

（３）　×，加味すること

（４）　○

（５）　○

（６）　×，一文字キリがよい。ホルソーは，盤に表示灯，押ボタンスイッチ等の取付け用穴をあける工具である。

（７）　○

（８）　○

（９）　○

（10）　○

（11）　○

２．（１）　安全，点検

（２）　電源，確認

（３）　回転中，触

（４）　安全，着用

（５）　服装，作業者

第２章　配電盤・制御盤の接続方法および使用電線

学習の目標

配電盤・制御盤の組立てを行ううえで，もっとも基本的な接続方法および使用電線の概要について学ぶ

第１節　配電盤・制御盤の接続方法

学習のねらい

ここでは，配電盤・制御盤の接続方法について学ぶ。

学習の手びき

配電盤・制御盤の接続方法の種類および特徴の概要について，よく理解する。

第２節　配電盤・制御盤の使用電線

学習のねらい

ここでは，配電盤・制御盤に使用する電線について学ぶ。

学習の手びき

配電盤・制御盤に使用する電線の用途および品種などについて，よく理解する。

第２章の学習のまとめ

この章では，次のことがらの概要について学んだ。

（1）　配電盤・制御盤の接続方法

（2）　配電盤・制御盤の使用電線

【練習問題の解答】

１．（１）○

（２）×，接続分岐は，端子で行うこと。

（３）○

（４）×，予備端子も締め付けておく。

（５）○

（６）×，信頼性は高い。

（７）○

（８）×，巻付け回数は，数回必要である。

（９）○

（10）○

第3章　配電盤・制御盤の配線方式

学習の目標

配電盤・制御盤の組立てを行ううえで，もっとも基本的な配線方式の概要について学ぶ。

第1節　配電盤・制御盤の配線方式の一般

学習のねらい

ここでは，配電盤・制御盤の配線方式の一般的な事項について学ぶ。

学習の手びき

配電盤・制御盤の配線方式の一般について，よく理解する。

第2節　配電盤・制御盤の配線方式の特徴

学習のねらい

ここでは，配電盤・制御盤の配線方式で，ダクト，束ねおよびクリートの各方式について学ぶ。

学習の手びき

配電盤・制御盤のそれぞれの配線方式の特徴の概要について，よく理解する。

第3章の学習のまとめ

この章では，次のことがらの概要について学んだ。

（1）　配電盤・制御盤の配線方式の一般

（2）　配電盤・制御盤の配線方式の特徴

【練習問題の解答】

（１）○

（２）○

（３）×，発熱体よりできるだけ離す。

（４）○

（５）×，ブッシングなどで保護する。

（６）○

（７）○

（８）○

（９）×，一般には，時間がかかり，作業性も悪い。

(10)　○

第4章　器具・計器および回路の接続法

学習の目標

配電盤・制御盤の組立てを行ううえで，もっとも根幹となる計器用変成器，計器およびシーケンス制御回路の接続法の概要について学ぶ。

第1節　計器用変成器の接続

学習のねらい

ここでは，計器用変成器の接続法について学ぶ。

学習の手びき

計器用変成器の種類および接続法の概要について，よく理解する。

第2節　計器および継電器回路の接続法

学習のねらい

ここでは，

（1）　計器および継電器回路の接続法の一般

（2）　電流計および電流計切換スイッチ

（3）　電圧計および電圧計切換スイッチ

（4）　電力計および電力量計

（5）　力率計

（6）　過電流継電器

について学ぶ。

学習の手びき

計器および継電器回路の接続法において，計器用変成器，ヒューズ，計器と継電器との接続順位などについて，よく理解する。

第3節　シーケンス制御

学習のねらい

ここでは，

（1） シーケンス制御の一般

（2） 接点直列接続回路

（3） 接点並列接続回路

（4） 自己保持回路

（5） 寸動と運転停止回路

（6） 機械保持回路

（7） 可逆回路

（8） 限時回路

（9） 始動電流拡大回路

(10) 表示灯回路

(11) 故障表示および警報回路

(12) シーケンス制御の事例

について学ぶ。

学習の手びき

シーケンス制御の一般的な注意事項および基本回路でそれぞれの技術を習得し，事例のシーケンス制御回路で，それらを活用することにより，よく理解する。

第4章の学習のまとめ

この章では，次のことがらの概要について学んだ。

（1） 計器用変成器の接続

（2） 計器および継電器回路の接続法

（3） シーケンス制御

【練習問題の解答】

1．(1)　○

　(2)　×，ヒューズを入れないこと。

　(3)　○

　(4)　×，分流器を介して使用する。

　(5)　○

2．(1)　定，順序，段階，制御

　(2)　試験，回路，継電器，原則

第５章　配電盤・制御盤の試験

学習の目標

配電盤・制御盤が電気設備の中で占める割合がますます大きくなりつつある。このため，盤自体の不良で電気設備を停止させることのないよう十分な試験を行う必要がある。

この章では，試験の種類と方法および試験用計測器の概要について学ぶ。

第１節　試験の種類と方法

学習のねらい

ここでは，配電盤・制御盤の試験の種類と方法について学ぶ。

学習の手びき

配電盤・制御盤の試験の種類と方法の概要について，よく理解する。

第２節　試験用計測器の種類および用途

学習のねらい

ここでは，絶縁抵抗計，回路計，導通試験器および構造面の測定器具について学ぶ。

学習の手びき

配電盤・制御盤の試験用計測器の種類および用途の概要について，よく理解する。

第５章の学習のまとめ

この章では，次のことがらの概要について学んだ。

（１）　配電盤・制御盤の試験の種類と方法

（２）　配電盤・制御盤の試験用計測器の種類および用途

【練習問題の解答】

1.（1）○

（2）○

（3）○

（4）×，最も適す。

（5）○

2.（1）テスタ，小形，軽量，最，測定器

（2）受渡，外観，耐電圧，シーケンス，動作

（3）試験器，ブザー，配線

第6章　配電盤・制御盤組立て用図面，材料および色彩

学習の目標

配電盤・制御盤の組立てを行ううえで，図面では，正確に読みとれることについて，材料では，特殊材料も含めてその用途および性質について，色彩では，マンセル色表示法による盤および盤取付け器具の色彩区分について，それぞれその概要について学ぶ。

第1節　配電盤・制御盤組立て図面

学習のねらい

ここでは，

（1）組立図

（2）主回路接続図

（3）展開接続図

（4）裏面（内部）接続図

について学ぶ。

学習の手びき

配電盤・制御盤を組み立てるのに必要な組立図，接続図（主回路，裏面）および展開接続図の概要について，よく理解する。

第2節　配電盤・制御盤の材料

学習のねらい

ここでは，

（1）金属材料

（2）導電材料

（3）絶縁材料

(4)　特殊材料

について学ぶ。

学習の手びき

配電盤・制御盤を組み立てるのに必要な盤材料，フレームの構造材料，電線，絶縁材料および特殊材料の概要について，よく理解する。

第3節　配電盤・制御盤の色彩

学習のねらい

ここでは，

(1)　マンセル表色法

(2)　盤およびその取付け器具の色彩

について学ぶ。

学習の手びき

配電盤・制御盤の色彩のマンセル表色法および標準色彩として，盤およびその取付け器具の色彩について，よく理解する。

第6章の学習のまとめ

この章では，次のことがらの概要について学んだ。

(1)　配電盤・制御盤組立て用図面

(2)　配電盤・制御盤の材料

(3)　配電盤・制御盤の色彩

【練習問題の解答】

1. (1)　○

(2)　×，導電率の大きいこと。

(3)　○

(4)　○

（５）○

２．（１）配線，試験，裏面，器具，保守，点検

（２）表面，５Y$\frac{7}{1}$

（３）金属，プラスチック

二級技能士コース

電気機器組立て科〔指導書〕

平成元年３月31日　初版発行
平成９年４月20日　改訂版発行
平成13年７月２日　２刷発行

編集者　雇用・能力開発機構
職業能力開発総合大学校
能力開発研究センター

発行者　財団法人　職業訓練教材研究会

東京都新宿区戸山１－15－10　電話　03（3202）5671